AF233788

15642.

1821.

Développement de la théorie des fluides élastiques, et Application de cette théorie à la vitesse du son; par M. DE LAPLACE.

MATHÉMATIQUES.
———
Bureau des longi-
tudes.
12 décembre 1821.

LA théorie que j'ai donnée de ces fluides consiste à regarder chacune de leurs molécules comme un petit corps en équilibre dans l'espace, en vertu de toutes les forces qui le sollicitent. Ces forces sont, 1° l'action répulsive de la chaleur des molécules environnant une molécule A, sur la chaleur propre de cette molécule qui la retient par son attraction; 2° l'attraction de cette dernière chaleur, par les mêmes molécules; 3° l'attraction qu'elles exercent par leur chaleur et par elles-mêmes, sur la molécule A. Je suppose que ces forces attractives et répulsives ne sont sensibles qu'à des distances imperceptibles, et qu'à raison de la rareté du fluide, la première de ces forces est la seule qui soit sensible. Je fais ici abstraction de la pesanteur, comme insensible relativement à la force répulsive du calorique. Cela posé, je trouve, par les lois de l'équilibre des fluides, l'équation suivante

$$P = h n^2 . c^2; \quad (1)$$

n est le nombre des molécules du gaz, contenues dans un espace pris pour unité, et que je supposerai être le litre; c est le calorique renfermé dans chaque molécule; k est une constante dépendante de la force répulsive que les particules du calorique exercent les unes sur les autres, et qu'il paraît naturel de supposer la même pour tous les gaz; enfin, P est la pression du fluide contre les parois du litre qui le contient.

J'obtiens une seconde équation, par les considérations suivantes. Je conçois le litre comme un espace vide à une température quelconque: en y plaçant un ou plusieurs corps, ils rayonneront du calorique les uns sur les autres, et sur les parois du litre, qui rayonneront pareillement du calorique sur eux et sur elles-mêmes. Il y aura équilibre de température, lorsque chaque molécule rayonnera autant de calorique qu'elle en absorbe. L'espace vide du litre sera traversé dans tous les sens par les rayons caloriques qui formeront ainsi un fluide discret d'une densité très-petite, et dont la quantité sera insensible relativement à la quantité de chaleur contenue dans les corps. On peut facilement prouver qu'à raison de la vitesse des particules libres du calorique, vitesse qui peut être comparée à celle de la lumière, ce fluide doit être d'une extrême rareté. Aussi les expériences que l'on a faites pour le condenser, n'ont-elles donné aucun résultat sensible. Il est clair que la densité de ce fluide discret, augmente avec la chaleur des corps. Elle peut ainsi servir de mesure à leur température, et en donner une définition précise. Elle croît proportionnellement aux dilatations de l'air dans un thermomètre d'air à pression constante; et par cette raison, ce thermomètre me paraît être le vrai thermomètre de la nature.

J'imagine présentement que le système des corps contenus dans le litre soit un gaz. Chaque molécule dans l'état d'équilibre rayonnera autant de calorique qu'elle en absorbe. Or, il est évident que cette absorption est proportionnelle à la densité du calorique discret que je viens de considérer, ou à la température que je désignerai par u. Pour avoir l'expression du rayonnement de la molécule, il faut remonter à sa cause. On ne peut pas l'attribuer à la molécule même, qui est supposée n'agir que par attraction, sur le calorique; il paraît donc naturel de le faire dépendre de la force répulsive du calorique contenu, soit dans la molécule, soit dans les molécules environnantes. Le calorique de la molécule étant infiniment petit par rapport à l'ensemble du calorique de toutes les molécules environnantes, on peut n'avoir égard qu'à la force répulsive de cet ensemble. Sans chercher à expliquer comment cette force détache une partie du calorique de la molécule A, et la fait rayonner (1); je considère que l'action du calorique d'une molécule B pour cet objet, est proportionnelle à ce calorique et au calorique c de la molécule A; je la fais ainsi proportionnelle au produit kc^2. Le rayonnement de la molécule A est donc proportionnel à ce produit: en l'égalant à l'absorption du calorique, on a

$$k \cdot nc^2 = qu; \quad (2)$$

q étant une constante dépendante de la nature du gaz.

$n\,c$ exprime la quantité de calorique du gaz contenu dans le litre; en supposant donc que c soit le calorique contenu dans un gramme du gaz, et que ρ soit le nombre de grammes ou le poids du gaz renfermé dans le litre; on pourra dans les équations précédentes, substituer ρ à n, et alors elles deviennent

$$P = k\rho^2 c^2; \quad (3)$$
$$k \cdot \rho c^2 = qu. \quad (4)$$

On peut voir dans la Connaissance des Temps de 1824, l'analyse qui m'a conduit à ces équations. Je l'ai étendue au mélange d'un nombre quelconque de gaz, en supposant pour une plus grande généralité, que la valeur de k n'est pas la même pour les divers gaz, et que l'action répulsive du calorique d'une molécule de gaz sur le calorique d'une autre molécule, pouvait être modifiée par la nature même de ces molécules. Mais il me paraît naturel de la supposer indépendante de cette nature, ce qui simplifie les formules que j'ai données dans l'ouvrage cité. Car alors, on doit y faire

$$H = H' = L = L', \text{ etc.}$$

---

(1) Des mouvements des molécules d'un gaz, produits par l'action des rayons caloriques, et dont les liquides soumis à l'action de la lumière et de la chaleur offrent des exemples, ne peuvent-ils pas occasioner leur rayonnement, en faisant varier alternativement l'action répulsive du calorique des molécules qui environnent chaque molécule du gaz, sur le calorique de cette molécule?

En n'ayant point égard à l'action des molécules sur la chaleur et sur elles-mêmes, M, N, M', N', etc., sont nuls; et alors on a les équations suivantes relatives au mélange d'un nombre quelconque de gaz, renfermés dans un litre, mélange qui n'est dans un état stable d'équilibre, qu'autant que chacune de ses plus petites portions contient les molécules des divers gaz, en même rapport que le mélange total,

$$
\left.
\begin{aligned}
P &= k \cdot (\rho c + \rho' c' + \rho'' c'' + \text{etc.})^2 ; \\
k\,\rho c \cdot (\rho c + \rho' c' + \rho'' c' + \text{etc.}) &= q \rho u ; \\
k\rho' c' \cdot (\rho c + \rho' c' + \rho'' c'' + \text{etc.}) &= q' \rho' u ; \\
k\rho'' c'' \cdot (\rho c + \rho' c' + \rho'' c'' + \text{etc.}) &= q'' \rho'' u ; \\
&\text{etc.}
\end{aligned}
\right\} \quad (A)
$$

P est la pression du mélange; k est une constante dépendante de l'intensité de la force répulsive mutuelle des particules du calorique; c, c', c'', etc. sont les quantités de chaleur contenues dans un gramme du premier gaz, du second, du troisième, etc.; ρ, ρ', ρ'', etc. sont les nombres de grammes de ces gaz, dans un litre du mélange; u est la température du mélange, et q, q', q'', etc. sont des constantes dépendantes de la nature de chaque gaz.

Les équations (A) donnent

$$
\frac{\rho' c'}{\rho c} = \frac{q' \rho'}{q \rho} ; \quad \frac{\rho'' c''}{\rho c} = \frac{q'' \rho''}{q \rho} ; \text{ etc.}
$$

on a donc

$$
\rho c + \rho' c' + \rho'' c'' + \text{etc.} = (\rho q + \rho' q' + \rho' q' + \text{etc.}) \cdot \frac{c}{q}.
$$

Ainsi en faisant

$$
\rho q + \rho' q' + \rho'' q'' + \text{etc.} = (q) \cdot (\rho),
$$
$$
\rho + \rho' + \rho'' + \text{etc.} = (\rho) ;
$$
$$
C = \frac{(q) \cdot c}{q} ;
$$

les équations (A) donneront

$$
P = k \cdot (\rho)^2 \cdot C^2 ; \; \ldots \; (5)
$$
$$
k \cdot (\rho) \cdot C^2 = (q) \cdot u ; \; \ldots \; (6).
$$

Ces équations sont les mêmes que les équations (3) et (4) relatives à un fluide simple. Elles reviennent à considérer comme molécules du fluide composé, un groupe infiniment petit dans lequel les molécules des divers gaz entrent dans le même rapport que dans le mélange entier. C est le calorique contenu dans un gramme de ce mélange; (ρ) est le poids d'un litre du mélange.

L'air atmosphérique est, comme on sait, composé de quatre différents

gaz, savoir, l'azote, l'oxigène, la vapeur aqueuse, et un peu d'acide car-
bonique; on peut donc appliquer à ce fluide composé, les équations (5)
et (6). On peut encore dans les vibrations aériennes, considérer l'air
comme formé de groupes pareils à ceux que je viens d'imaginer. A la
vérité, chaque molécule d'un de ces groupes étant sollicitée par des forces différentes, elles devraient, dans leurs mouvements, se séparer; mais
les obstacles que les autres groupes opposent à cette séparation, suffisent
pour les retenir ensemble, en sorte que le centre de gravité de chaque
groupe se meut comme si ses molécules étaient liées fixement entre
elles; et c'est ainsi que nous les envisagerons dans la suite.

Les équations (5) et (6) donnent

$$P = (q) \cdot (\rho) \cdot u;$$

ainsi la température restant la même, la pression d'un fluide quelconque,
simple ou composé, est proportionnelle à sa densité; ce qui est la loi
de Mariote.

Les mêmes équations donnent encore, pour un autre fluide simple
ou composé,

$$P = (q') \cdot (\rho') \cdot u;$$

(ρ') étant la densité du second fluide, et (q') étant la valeur de (q) relative à ce fluide; on a donc, quelles que soient la pression P et la température u,

$$\frac{(\rho')}{(\rho)} = \frac{(q)}{(q')}.$$

Le rapport des densités des deux fluides reste donc toujours le même, ce
qui est la loi de M. Gay-Lussac.

Enfin les équations (A) donnent

$$P = q \cdot \rho u + q' \cdot \rho' u + q'' \cdot \rho'' u + \text{etc};$$

$q.\rho u, q' \cdot \rho' u, q'' \cdot \rho'' u$, etc. sont les pressions que chaque gaz exercerait
contre les parois du litre, s'il était seul dans cet espace; en nommant
donc p, p', p'', etc. ces pressions, on aura

$$P = p + p' + p'' + \text{etc.};$$

ce qui est la troisième loi des fluides élastiques.

Dans l'analyse exposée (pages 339 et suivantes de la Connaissance des
Temps de 1824), j'ai omis l'action des molécules inférieures au plan horizontal que j'y considère, sur le calorique des molécules supérieures à
ce plan, ce qui m'a conduit à une expression incomplète de la pression
P. En rétablissant cette action, on voit que l'on ne peut alors satisfaire
aux trois lois générales des fluides élastiques; ce qui prouve que l'attraction de chaque molécule d'un gaz, sur les autres molécules et sur leur
calorique est insensible, et ce qui dispense de toute hypothèse sur la loi
d'attraction des molécules des gaz par la chaleur. Mais alors, pour satis-

1821.

faire à l'ensemble des phénomènes que les gaz nous présentent, il faut considérer le calorique de chacune de leurs molécules dans deux états différents. Dans le premier état, il est libre, et c'est ce que nous avons désigné par c. Dans le second état, il est combiné, et n'exerce alors aucune force répulsive et attractive sensible; mais il se développe dans le passage de l'état gazeux à l'état liquide, et même dans la variation de densité des gaz. En le désignant par i, la chaleur absolue de la molécule sera $c + i$. De la partie c dépendent les lois générales de la répulsion des gaz : les phénomènes du développement de la chaleur des gaz et de leurs vibrations dépendent des deux parties c et i.

De la vitesse du son dans l'atmosphère.

Je vais maintenant appliquer la théorie précédente, à la vitesse du son dans notre atmosphère. Je considérerai, comme ci-dessus, ses molécules comme des groupes composés des molécules des divers gaz dont elle est formée, et qui se meuvent, comme si les molécules de chaque groupe étaient liées fixement entre elles. Imaginons un cylindre horizontal d'une longueur indéfinie, et rempli d'air en vibration. Pour avoir la force qui sollicite une de ses molécules A, désignons par $N\varphi(f)$, la loi de la force répulsive de la chaleur, relative à la distance f. La force répulsive de la chaleur d'une molécule B sur la chaleur de la molécule A, sera $Ncc_{,}\varphi(f)$, f étant la distance mutuelle des deux molécules; c étant la chaleur de la molécule A, et $c_{,}$ celle de la molécule B. En nommant s la distance horizontale de B à A, et z leur distance verticale; l'action répulsive de la chaleur de B, sur la chaleur de A, sera dans le sens horizontal, et en sens contraire de l'origine des s,

$$\text{N. } cc_{,} \cdot \frac{c}{f} \varphi(f).$$

En la multipliant par la densité ρ de l'air au point B, et par $2\pi\, zdz$, π étant la circonférence dont le diamètre est l'unité; on aura pour la force entière qui sollicite la molécule A dans le sens horizontal,

$$2\pi \cdot N \cdot \iint \frac{zdz}{f} \cdot \rho \cdot cc_{,}ds \cdot \varphi(f);$$

les intégrales étant prises depuis $z = 0$, jusqu'à z infini, et depuis $s = -\infty$, jusqu'à $s = \infty$. On a

$$f^{\bullet} = s^{\bullet} + z^{\bullet};$$

en désignant donc par $\varphi_{,}(f)$, l'intégrale $\int df \cdot \varphi(f)$, et observant que $\varphi_{,}(f)$ est nul, lorsque f est infini; la force précédente devient

$$- 2\pi \cdot N \cdot \int \rho cc_{L} \cdot sds\,\varphi_{,}. \quad (s).$$

(6)

ρ, $c_{,}$, étant relatifs à la section verticale du cylindre qui passe par la molécule B, nous aurons en réduisant en série

$$\rho \cdot cc_{,} = \rho \cdot c^2 + s.c. \frac{d.\rho c}{ds_{,}} + \text{etc.},$$

les différentielles du second membre se rapportant à la molécule A. Or on a

$$\int s\, ds \cdot \varphi_{,}(s) = 0,$$

lorsqu'on prend les intégrales depuis $s = -\infty$. jusqu'à $s = \infty$. On a ensuite

$$\int s^2\, ds \cdot \varphi_{,}(s) = s. \downarrow(s) - \int ds \cdot \downarrow(s),$$

en désignant par $\downarrow(s)$, l'intégrale $\int s\, ds \cdot \varphi_{,}(s)$. Donc si l'on nomme Q l'intégrale $\int ds \cdot \downarrow(s)$ prise depuis s nul jusqu'à s infini; la force qui sollicite horizontalement la molécule A, sera en sens contraire de l'origine des s,

$$4\pi \cdot N \cdot Q \cdot c \cdot \frac{d.\rho c}{ds}.$$

Soit

$$\frac{d.\rho c}{\rho c.ds} = (1 - \mathfrak{C}) \frac{d\rho}{\rho ds};$$

la force précédente devient ainsi

$$4\pi \cdot N \cdot Q \cdot \left(\frac{d\rho}{ds}\right) \cdot c^2 \cdot (1 - \mathfrak{C}).$$

Soit X la coordonnée horizontale de la molécule A dans l'état d'équilibre, et $X + x$ sa coordonnée dans l'état de mouvement. Soit encore (ρ) la densité de l'air dans l'état d'équilibre. On aura

$$\rho = (\rho) \cdot \frac{dX}{dX + dx};$$

en négligeant donc le carré de dx, et observant que $\left(\frac{d\rho}{ds}\right) = \left(\frac{d\rho}{dX}\right)$, on aura

$$\left(\frac{d\rho}{ds}\right) = -(\rho) \cdot \left(\frac{ddx}{dX^2}\right).$$

La force qui sollicite la molécule A, dans le sens des x sera donc

$$4\pi \cdot NQ \cdot (\rho) \cdot \left(\frac{ddx}{dX^2}\right) \cdot c^2 \cdot (1 - \mathfrak{C}).$$

Il résulte de l'analyse que j'ai donnée dans la Connaissance des Temps de 1824, que P étant la pression de l'atmosphère, on a dans l'état d'équilibre,

$$P = 2\pi \cdot NQ \cdot (\rho)^2 \cdot c^2;$$

en égalant donc la force précédente à $\left(\frac{ddx}{dt^2}\right)$, dt étant l'élément du temps, on aura

$$\left(\frac{ddx}{dt^2}\right) = \frac{2P}{(\rho)} \cdot (1 - 6) \cdot \left(\frac{ddx}{dX^2}\right).$$

Ainsi la vitesse du son, ou l'espace qu'il parcourt dans une seconde étant, comme l'on sait, et comme il est facile de le conclure de l'intégrale de cette équation aux différences partielles, la racine carrée du coefficient de $\left(\frac{ddx}{dX^2}\right)$; cette vitesse sera

$$\sqrt{\frac{2P}{(\rho)} \cdot (1 - 6)}.$$

Soit h la hauteur d'une atmosphère de la densité (ρ), et ε la hauteur dont la pesanteur fait tomber les corps dans une seconde; cette vitesse devient

$$\sqrt{4h\varepsilon \cdot (1 - 6)}.$$

Les géomètres, en étendant ces principes et cette analyse au cas où l'air a trois dimensions, trouveront facilement que dans ce cas, la vitesse du son a la même expression.

La formule de Newton donne $\sqrt{2h\varepsilon}$ pour l'expression de cette vitesse, et en partant des valeurs connues de ε et de h, elle serait de $282^{\text{mèt}},4$ à la température de six degrés centésimaux. L'expérience a donné, à la même température, $337^{m},2$, aux académiciens français. Il est donc bien certain que la formule de Newton donne un résultat trop faible. Si la valeur de 6 était nulle, la formule précédente donnerait $\sqrt{4h\varepsilon}$, ou $399^{m},4$ pour la vitesse du son, résultat trop considérable.

Il est difficile par les expériences sur l'air, de déterminer le facteur $1-6$, et il est plus exact et plus simple de le conclure de la vitesse même du son. Cependant on peut faire usage, pour cet objet, d'une expérience très-intéressante de MM. Clément et Desormes, que ces savants physiciens ont rapportée dans le Journal de Physique du mois de novembre 1819. Ils ont rempli d'air atmosphérique, un ballon de verre dont la capacité était de $28^{\text{litres}},40$. La pression de l'air intérieur et extérieur était représentée par une hauteur du baromètre, égale a $765^{\text{mil}},5$. La température extérieure était $12°,5$: cette température et la hauteur de baromètre ont été constantes pendant l'expérience, condition indispensable. Ils ont ensuite fermé le ballon, au moyen d'un robinet, après en avoir extrait une petite quantité d'air; ce qui a diminué la pression intérieure de $13^{\text{mil}},81$. Après le temps nécessaire pour que la tempéra-

(8)

ture intérieure fût redevenue la même que l'extérieure, ils ont observé
cette différence de pression du dehors au dedans, au moyen d'un manomètre d'eau qu'ils avaient adapté au ballon. Ouvrant ensuite le robinet,
l'air extérieur est entré dans le ballon : lorsqu'il a cessé de s'y intro-
duire, ce qu'ils ont jugé, soit par la cessation du bruit que l'air faisait
en s'y introduisant, soit par le manomètre qui était revenu au niveau,
ils ont fermé promptement le robinet, en sorte que l'intervalle entre
l'ouverture et la fermeture du robinet n'a pas été de $\frac{2}{5}$ de secondes : le manomètre ensuite a remonté, et lorsqu'il a été stationaire, il a indiqué une
différence de pression entre l'intérieur et l'extérieur du ballon, égale à
3^{mil},611. Cette expérience, la meilleure de soixante expériences de ce
genre, qu'ils ont faites, en est le résultat moyen. On peut voir dans le
journal cité, une description plus étendue de l'appareil et des précautions
qui ont été prises.

Voyons maintenant comment on peut conclure de cette expérience,
la valeur 1—6. J'observe d'abord que pendant la courte durée d'une vibration aérienne, la chaleur absolue $c + i$ d'une molécule aérienne,
peut être supposée constante ; car cette chaleur ne pouvant se dissiper
que par le rayonnement, il faut pour avoir ainsi une perte sensible, un
temps beaucoup plus grand que la durée d'une vibration qui n'excède
pas une tierce : il n'en est pas de même de la chaleur libre c qui se perd
non-seulement par le rayonnement, mais encore par sa combinaison
due à la variation de sa densité ρ. Dans le cas présent, on peut donc
supposer dc ou $d.(c + i — i)$ égal à $—di$.

J'observe ensuite que la température u de l'espace, ou la densité du
fluide discret qui la représente, peut être supposée constante pendant
la durée d'une vibration aérienne. Elle varie dans le point de l'espace
occupé par une molécule aérienne vibrante, à raison de la variation
de densité dans l'air qui l'environne ; mais cette densité n'est variable
que dans l'étendue de la vibration, étendue très-petite par rapport à
l'espace environnant. La variation de u étant de l'ordre du produit de
cette étendue, par la variation de la densité de l'air ; on voit qu'elle
peut être négligée. Maintenant la chaleur libre c de la molécule ne peut
visiblement dépendre que de ces trois choses, la chaleur absolue $c + i$,
la densité ρ, la température u de l'espace : on pourrait y ajouter la
température v de la molécule ; mais cette température étant déterminée
par l'équation

$$k \rho c^{\circ} = q v ;$$

elle est fonction de ρ et de c. De la relation qui existe entre les choses
que je viens de nommer, on peut tirer l'équation

$$c + i = \psi (k \rho^{\circ} c^{\circ}, \rho, u) ;$$

en nommant donc V, la fonction du second membre de cette équation, et nommant P, la quantité $k \rho' c'$; V sera fonction de P, ρ, et u. Les suppositions de $c + i$ et de u constants, donneront donc

$$0 = \frac{dP}{P} \cdot P \cdot \left(\frac{dV}{uP} \right) + \frac{d\rho}{\rho} \cdot \rho \cdot \left(\frac{dV}{d\rho} \right)$$

on aura ensuite

$$2. \; \frac{d.\rho c}{\rho c} = \frac{dP}{P} = - \frac{\dfrac{d\rho}{\rho}, \; \rho \cdot \left(\dfrac{dV}{d} \right)}{P \left(\dfrac{uV}{uP} \right)} = 2. \, (1 - 6) \, \frac{d\rho}{\rho} \, ;$$

la vitesse du son sera ainsi

$$\left(\frac{- 2 h \varepsilon . \rho \left(\dfrac{dV}{d\rho} \right)}{P. \left(\dfrac{uV}{uP} \right)} \right)^{\frac{1}{2}}.$$

Il est facile de s'assurer que $\dfrac{- \rho . \left(\dfrac{dV}{d\rho} \right)}{P. \left(\dfrac{uV}{uP} \right)}$ est le rapport de la cha-

leur spécifique de l'air, lorsqu'il est soumis à une pression constante, à sa chaleur spécifique lorsque son volume est constant ; il faut donc, pour avoir la vitesse du son, multiplier la formule neutonienne par la racine carrée du rapport de la première de ces chaleurs spécifiques à la seconde ; ce qui est le théorème que j'ai donné sans démonstration dans les *Annales de Physique et de Chimie* de l'année 1816.

Dans l'expérience citée, $c + i$, et u peuvent être supposés sensiblement constants comme dans le son, pendant la courte durée de l'ouverture du robinet, durée qui a été au-dessous de $\frac{2}{5}$ de seconde ; mais l'air primitif du ballon a passé de sa pression P', avant l'ouverture du robinet, à la pression P de l'atmosphère, puisqu'au moment de la fermeture du ballon, il était en équilibre avec cette pression. En nommant ensuite ρ' sa densité primitive ; ρ, celle de l'atmosphère, et ρ'' la densité de l'air primitif au moment de la fermeture du robinet ; cet air a passé de la densité ρ' à la densité ρ''. Les suppositions de $c + i$, et de u constants donneront donc

$$0 = \left(\frac{P - P'}{P'} \right) . \, P' . \left(\frac{dV'}{dP'} \right) + \left(\frac{\rho'' - \rho'}{\rho'} \right) . \, \rho' . \left(\frac{dV'}{d\rho'} \right),$$

V', P', ρ'. étant ce que deviennent, pour l'air du ballon avant l'ouverture du robinet, les quantités V, P, ρ relatives à l'air atmosphérique. La densité ρ'' est visiblement celle de l'air intérieur du ballon à la fin de l'expérience, à cause de la très-petite quantité d'air introduite dans le ballon. Cette densité est donc proportionnelle à la pression intérieure à la fin de l'expérience, pression que je désignerai par P″, ce qui donne $\frac{\rho'' - \rho'}{\rho'} = \frac{P'' - P'}{P'}$; on a donc

$$\frac{-\rho'\left(\dfrac{dV'}{d\rho'}\right)}{P'\left(\dfrac{dV'}{dP'}\right)} = \frac{P - P'}{P'' - P'}.$$

ρ', V' et P' différant extrêmement peu de ρ, V et P; on peut dans le premier membre de l'équation précédente, changer les premières quantités dans les secondes; la vitesse du son devient ainsi

$$\sqrt{2\,h\,\varepsilon \cdot \frac{P - P'}{P'' - P'}}.$$

L'expérience citée donne

$$P - P' = 13^{\text{mil.}},81$$
$$P'' - P' = 10^{\text{mil}},199,$$

d'où l'on tire $328^{\text{mèt.}},6$ pour la vitesse du son; ce qui ne diffère que de $8^{\text{mèt}},6$ du résultat de l'observation.

Si l'on suppose la chaleur absolue proportionnelle à la température, ou

$$c + i = v.\,\frac{\varphi(P)}{P},$$

v étant la température de la molécule aérienne; sa chaleur abandonnée en passant de la température v' à la température v, sous la pression constante P, sera

$$(v' - v).\,\frac{\varphi(P)}{P};$$

ainsi la chaleur abandonnée par un litre d'air sous cette pression, sera, dans cette supposition fort naturelle, proportionnelle à cette quantité multipliée par ρ, ou par la pression P; elle sera donc proportionnelle à

$$(v' - v).\,\varphi(P),$$

et son accroissement dû à l'accroissement δP, de P, sera

$$(v' - v)\,\delta P.\,\varphi'(P),$$

$\varphi'(P)$ étant $\frac{d.\,\varphi(P)}{dP}$. En divisant cet accroissement par la quantité elle-même, le rapport sera

$$\frac{\delta P}{P} \cdot \frac{P\,\varphi'(P)}{\varphi(v')}.$$

Le milieu entre les observations de MM. La Roche et Berard, donne pour ce rapport, $\dfrac{2}{3} \cdot \dfrac{\delta P}{P}$; en sorte que

$$\frac{\varphi\,(P)}{P \cdot \varphi'\,(P)} = \frac{3}{2}.$$

Dans ce cas

$$V = \frac{\varphi\,(P)}{P} \cdot v\,;$$

en substituant par v sa valeur $\dfrac{P}{q\,\rho}$, on aura

$$V = \frac{\varphi\,(P)}{q\,\rho}\,,$$

d'où l'on tire

$$\frac{- \rho \left(\dfrac{d V}{d \rho} \right)}{P \cdot \left(\dfrac{d V}{d P} \right)} = \frac{\varphi_{\bullet}\,(P)}{P\,\varphi'\cdot(P)} = \frac{3}{2}\,,$$

la vitesse du son devient donc $\sqrt{3 h}$, ou $345^{\text{mèt}} ,9$; ce qui diffère peu du résultat de l'expérience.

Les géomètres ont, d'après Newton, fondé la théorie du son sur des principes différents de ceux qui précèdent : ils considèrent une molécule aérienne ρdX, comme étant pressée d'arrière en avant, par la pression P, et d'avant en arrière, par la pression $P + dP$; ce qui donne, en vertu des principes dynamiques,

$$\left(\frac{ddx}{dt^2} \right) = - \frac{dP}{\rho dX}\,; \; (a)$$

Ils supposent ensuite que l'équation

$$P = q\,\rho\,v$$

a lieu dans l'état de mouvement, comme dans celui d'équilibre, et que la température v reste constante ; ce qui donne

$$\frac{dP}{P} = \frac{d\rho}{\rho}\,; \; (b)$$

et comme on a, par ce qui précède,

$$d\rho = - (\rho)\,\frac{ddx}{dX}\,;$$

il est facile d'en conclure

$$\left(\frac{ddx}{dt^2} \right) = \frac{P}{(\rho)} \cdot \left(\frac{ddx}{dX^2} \right)\,;$$

ce qui donne la vitesse du son, égale à $\sqrt{\dfrac{P}{(\rho)}}$. On vient de voir que cette valeur est trop faible, ce qui montre l'inexactitude de l'analyse sur laquelle on l'a fondée. En effet, l'air n'agit point sur une couche aérienne d'une épaisseur infiniment petite, par une simple différence de pression, comme il agirait sur un plan d'une épaisseur sensible ; en sorte que l'équation différentielle

$$\left(\frac{dd\mathbf{X}}{dt^2}\right) = -\ \frac{d\mathbf{P}}{\rho\, d\mathbf{X}}$$

n'est point exacte. De plus, l'équation $\mathbf{P}=q\rho v$, n'est vraie que dans l'état d'équilibre. Il est donc nécessaire, pour avoir l'expression véritable de la vitesse du son, de considérer, comme nous l'avons fait, toutes les forces qui sollicitent une molécule d'air.

Cependant, il est remarquable que les équations (a) et (b) soient exactes, pourvu que P, au lieu d'exprimer la pression comme dans l'état d'équilibre, exprime le produit du rayonnement $k\rho c^2$ de la molécule aérienne, par la densité ρ de l'air qui l'environne. Alors, l'équation (a) devient

$$\left(\frac{dd x}{dt^2}\right) = -\ 2\mathbf{P}.\ \frac{d.\rho c}{\rho c.d\mathbf{X}} = -\ 2\mathbf{P}.\ \frac{d\rho}{\rho\, d\mathbf{X}}.\ (1-6),$$

d'où l'on tire, en substituant pour $\dfrac{d\rho}{\rho}$ sa valeur, l'équation aux différences partielles

$$\left(\frac{dd x}{dt^2}\right) = 2.\ \frac{\mathbf{P}}{(\rho)}.\ (1-6).\ \left(\frac{dd x}{d\mathbf{X}^2}\right);$$

la même qui résulte de notre analyse.